AF463118

RAPPORT

SUR

LES MÉMOIRES DE M. PAYEN,

MEMBRE DE L'ACADÉMIE DES SCIENCES,

CONCERNANT

LE DÉVELOPPEMENT DES VÉGÉTAUX,

FAIT A LA SOCIÉTÉ ROYALE D'HORTICULTURE;

PAR M. POITEAU.

PARIS,
IMPRIMERIE DE Mme Ve BOUCHARD-HUZARD,
rue de l'Eperon, n° 7.

1844

RAPPORT

SUR

LES MÉMOIRES DE M. PAYEN.

M. Payen a bien voulu me gratifier d'un exemplaire de son ouvrage, en preuve d'amitié; il a fait hommage d'un autre exemplaire à la Société royale d'horticulture, qui m'a fait l'honneur de me charger de lui en rendre compte: je remplis donc ici un double devoir; heureux si je ne reste pas trop au-dessous de ma tâche.

De 1842 à 1844, M. Payen, membre de l'Académie des sciences, a lu à ce corps savant une suite de mémoires d'un grand intérêt sur le développement des végétaux. Ces mémoires forment un volume de 454 pages de texte in-4° et 16 planches couvertes d'un très-grand nombre de figures dessinées au microscope par l'auteur lui-même et considérablement grossies, montrant le développement, les changements qui s'opèrent dans les tissus des plantes, les substances qui les forment, celles qu'ils contiennent, rendues visibles à l'œil au moyen de réactifs chimiques qui donnent à ces substances des couleurs qui décèlent leur nature (1).

Les travaux d'anatomie végétale, entrepris jusqu'à ce jour, montrent bien la forme et la place qu'occupent les

---

(1) Cet ouvrage, sous le titre de Mémoires sur le développement des végétaux, par M. Payen, se trouve chez Fortin, Masson et compagnie, libraires-éditeurs, 1, place de l'Ecole-de-Médecine, à Paris, et même maison à Leipsick.

vaisseaux, les cellules, les produits de la végétation; mais aucun de ces travaux ne nous apprend de quelles substances sont formés ces vaisseaux, ces cellules et ces divers produits : et, si les anatomistes en ont deviné quelques-unes, il est permis de conserver des doutes sur l'exactitude de leurs observations. Il n'en est pas de même de l'ouvrage que M. Payen offre aujourd'hui au public; ce savant chimiste, sans négliger la forme des organes et de leurs produits, a, par le moyen des nombreux réactifs que possède actuellement la chimie, divisé toutes ces parties en leurs éléments, et reconnu toutes les substances qui entrent dans leur composition. Ce travail de M. Payen ouvre la véritable voie de la physiologie végétale, et permettra, en la suivant, de résoudre bien des questions restées jusqu'ici en problèmes. Pour n'en citer qu'un seul qui préoccupait le célèbre De Candolle, je rappellerai qu'il demandait comment il se faisait que, de deux cellules voisines, l'une sécrétait du sucre et l'autre de la résine ou de l'huile. Ce grand botaniste disait bien que ces différents produits tenaient à la nature différente des membranes, mais il ne pouvait pas le prouver, quoique alors la chimie fût déjà venue en aide à la physiologie dans beaucoup de cas. Aujourd'hui le livre de M. Payen montre que les faits physiologiques, dans les plantes, ne peuvent s'expliquer qu'au moyen de la chimie, et que, sans cette science, on ne peut guère arriver qu'à des probabilités. Les analyses contenues dans l'ouvrage de M. Payen sont beaucoup trop nombreuses pour être citées dans ce rapport ou en donner un extrait; je mentionnerai seulement les plus saillantes, celles relatives à la marche de la végétation, et surtout à la culture.

Tanin. On sait que, en général, les graines ne peuvent germer dans le tanin, et que les végétaux qu'on y plante périssent de suite sans produire de racines (1). Des

---

(1) Il y a pourtant quelques exceptions. Le *Clerodendrum fragrans*

débris de Chêne décomposés, enfouis dans le sol, peuvent empêcher d'autres arbres d'y prospérer; mais comment le tanin agit-il ? Sur quelle partie des racines son action délétère agit-elle? Voilà ce qu'il fallait savoir. On connaît l'action du tanin sur la gélatine des peaux; y a-t-il donc dans les plantes, dans leurs racines surtout, une substance de nature animale sur laquelle le tanin agit également? M. Payen prouve que les racines des plantes ont dans leur extrémité, appelée *spongiole*, une grande quantité de matière azotée ou animalisée sur laquelle le tanin agit comme sur la gélatine; et, comme cette matière azotée est indispensable à la vie des plantes, on conçoit que, lorsqu'elle est combinée avec le tanin, elle a perdu sa propriété, que les racines cessent leurs fonctions et que la plante périt. La matière azotée ne forme ni tube ni cellule, mais elle tapisse ces organes. Il y a moins de vingt ans, on distinguait encore la matière animale par la présence de l'azote, et la matière végétale par l'absence d'azote : aujourd'hui, on regarderait comme un phénomène une substance végétale sans azote : la matière azotée se retrouve dans tous les corps qui jouissent de la vie, et la présence de l'azote se décèle par des vapeurs ammoniacales qui s'échappent pendant la torréfaction des matières qui le contiennent.

Enfin il résulte, d'un très grand nombre d'expériences faites et rapportées par M. Payen, que toutes les extrémités des jeunes racines ou spongioles, les parties intérieures ou encore cachées des bourgeons et des fleurs, contiennent une abondance de substance azotée, et que l'azote diminue ou même ne laisse plus que des traces quand ces parties ont pris un grand développement. Cependant il

---

croît et trace vigoureusement dans la tannée. Les jardiniers font même des boutures de certaines plantes dans la tannée, et qui s'enracinent très-bien. A la vérité, la tannée ne contient plus beaucoup de tanin.

cite un fruit de Concombre parvenu en très peu de temps, il est vrai, à une grosseur notable, dans la séve duquel il a trouvé beaucoup d'azote.

«Ainsi donc, dit M. Payen, non-seulement les liquides « nourriciers qui s'élèvent des extrémités radicellaires « jusqu'aux dernières limites des parties aériennes des « plantes charrient en fortes proportions une matière « très-azotée et l'accumulent dans tous les organes nais- « sants, mais encore ils la déposent sur toute l'étendue des « conduits qu'ils parcourent. »

Nous devons donc considérer l'azote comme un principe de vie, de développement dans les plantes. Ce principe, les radicelles le tirent du sol ou de l'eau ; il s'élève jusque dans les organes naissants aériens. Mais est-ce bien aux radicelles ou spongioles que les rudiments de bourgeons et de fleurs aériens doivent tout l'azote qu'ils contiennent ? Je n'ai pas vu que M. Payen ait traité cette question qui, rationnellement, peut être résolue négativement (1).

D'après l'explication donnée par M. Payen de l'effet que le tanin produit dans les spongioles des plantes, la théorie de l'empoisonnement des végétaux, dont on faisait

---

(1) Je sais que la nourriture, pompée dans le sol par les racines d'une plante, est nécessaire au développement de toutes les parties de cette plante ; mais je sais aussi qu'une plante est une association d'autant de points vitaux ou corps reproducteurs qu'elle a de bourgeons, et que ces points vitaux peuvent végéter, se multiplier et croître indépendamment les uns des autres : il suffit, pour cela, de les mettre dans des températures différentes. Ainsi, quand, en janvier, la terre est plus chaude à 2 ou 3 centimètres de profondeur que l'atmosphère, les racines de plusieurs arbres travaillent, s'allongent, tandis que les bourgeons aériens de ces mêmes arbres restent stationnaires. Quand, en mars et avril, l'atmosphère devient plus chaude que la terre, les bourgeons aériens croissent, se développent, quoiqu'ils ne reçoivent rien des racines ; on est du moins autorisé à croire qu'ils n'en reçoivent encore rien, puisque les bourgeons des branches coupées sur certains arbres suivent presque, dans ce commencement de végétation, la même évolution que les bourgeons restés aux arbres. Si, dans l'hiver, pendant qu'il gèle à 12 ou 15 degrés, on fait passer une bran-

tant de bruit il y a une dizaine d'années, doit être beaucoup modifiée ; car, si les substances alcalines ou acides corrodent l'intérieur des spongioles aussi promptement, celles-ci perdent, par la même raison, promptement aussi leur propriété absorbante ; de sorte qu'il vaudrait mieux dire, dans ce cas, que les plantes meurent d'inanition, que de dire qu'elles meurent empoisonnées.

Puisque la nature des spongioles est de contenir beaucoup de matière azotée, la loi des affinités indique que les engrais qui contiennent le plus d'azote doivent être les plus utiles à la nutrition des plantes ; l'expérience prouve, en effet, journellement cette vérité.

Après avoir démontré que les spongioles des racines contiennent une grande quantité de matière azotée ou de même nature que la matière animale ; après avoir fait voir que c'est parce que le tanin se combine avec cette matière animale qu'il la rend impropre à remplir ses fonctions, d'où la mort des plantes où le sol contient du tanin ; après avoir expliqué comment les engrais les plus azotés sont les plus puissants pour activer la végétation, M. Payen passe à l'examen de toutes les fécules et de tous les amidons ; et, quoiqu'il conserve le nom de fécule à la substance amylacée tirée des racines et des tiges des plantes, et réserve le nom d'amidon à la substance amylacée tirée des graines des

---

che de Vigne dans une serre chaude, où la température s'élève à 15 ou 18 degrés au-dessus de zéro, tous les bourgeons entrés dans la serre se développeront, s'allongeront, produiront de grandes feuilles et des grappes, tandis que les racines, la tige et les rameaux laissés dehors à l'air libre resteront dans un engourdissement complet. Faut-il, dans ce cas, attribuer aux bourgeons une force de succion sans exemple ? Je ne le pense pas. Alors d'où vient l'azote indispensable à leur premier développement ? Il n'y a qu'une réponse à faire : ou il faut que l'azote se conserve dans l'intérieur des plus petites parties des bourgeons d'une année à l'autre, ou qu'elles le puisent dans l'air atmosphérique, ou plutôt que les deux causes y concourent. (*Note du rédacteur.*)

plantes, il n'en reconnaît pas moins que cette substance est partout la même substance qui, purgée des sucs et corps étrangers à sa nature, est toujours fort innocente de quelque plante qu'elle provienne; aussi les fécules tirées des plantes vénéneuses, étant lavées ou torréfiées, sont-elles un aussi bon aliment que les fécules, farines ou amidons des graines de céréales. M. Payen cite tous les savants qui s'étaient occupés de la fécule ou de l'amidon avant lui; mais aucun d'eux n'avait traité de cette substance aussi complétement qu'il le fait sous les rapports anatomique, physiologique et chimique. Je vais en dire quelques mots.

Anatomie de la fécule ou amidon. Cette substance se trouve en grains plus ou moins fins dans les cellules des plantes, et elle affecte des formes et des grosseurs assez différentes dans chaque espèce de plantes pour que, avec de l'habitude, on puisse dire de quelle plante elle provient. Pour ne citer qu'une différence de grosseur, je dirai que M. Payen a trouvé qu'un grain de fécule de la Pomme de terre de Rohan est 724,000 fois plus volumineux qu'un grain d'amidon de la graine du *Quinoa*. Les grains de fécule ou d'amidon peuvent adhérer entre eux en nombre plus ou moins grand; mais, selon M. Payen, ils n'adhèrent pas organiquement à la cellule qui les contient. Ces grains sont formés de couches concentriques, homogènes, et n'ont aucune membrane propre à leur surface, et cependant M. Payen leur reconnaît à tous un *hile* qui, en botanique, représente le nombril des animaux ou le point par où ils tenaient à leur mère (1).

Physiologie de la fécule ou amidon. D'après ce que dit M. Payen de cette substance, elle est un produit immédiat de la végétation. A l'état normal dans les plantes, l'eau de

---

(1) MM. Turpin et Raspail avaient cru voir que chaque grain de fécule était enfermé dans une vésicule ou membrane, et que le hile était l'endroit par où cette membrane adhérait ou avait adhéré à la paroi interne

la végétation ne la dissout pas; mais, d'après les diverses modifications ou changements que les agents chimiques lui font subir, on en peut conclure qu'elle joue le rôle de la graisse dans les animaux, c'est-à-dire qu'elle est un amas de substance que la puissance végétative peut dissoudre, changer de nature, et l'entraîner dans la circulation pour nourrir toutes les parties du végétal ou pour en former de nouvelles. Ainsi, au temps de la fructification, la fécule changée en sucre diminue ou disparaît entièrement.

Amidon ou fécule examiné chimiquement. M. Payen a soumis l'amidon à un très grand nombre d'expériences chimiques fort intéressantes et très-instructives; mais, quelque instructives qu'elles me paraissent, les bornes d'un rapport ne me permettent pas de leur donner ici la place qu'elles méritent. Je ne rapporterai le résultat que de quelques-unes.

1° L'*iode* colore l'amidon en violet.

2° La *dextrine,* dont M. Biot a fait connaître la singulière propriété, n'est pas un corps naturel; elle n'existe pas dans la fécule à l'état normal, et cependant c'est la fécule qui produit la dextrine, et voici comment. Après avoir désagrégé les particules de la fécule par les moyens indiqués par M. Payen, ces particules se groupent de nouveau, mais dans un arrangement différent de celui que la nature leur avait donné; elles se trouvent donc dans un état physique qu'elles n'avaient pas auparavant, et l'on sait que l'état physique des corps offre d'autres propriétés que

---

de la cellule qui contient la fécule; mais M. Payen a prouvé, par des réactifs, qu'un grain de fécule n'a pas d'enveloppe membraneuse : il ne tient à rien, et cependant il a un ou plusieurs hiles. Puisque M. Payen ne considère pas ce hile comme un point d'attache, quoique ce soit par là que la matière amylacée entre dans le grain de fécule, il aurait peut-être dû lui donner un autre nom pour éviter toute équivoque.

(*Note du rédacteur.*)

leur état chimique : c'est ce nouvel état physique de l'amidon qui constitue la dextrine.

3° La *xyloïdine*. Le nom de cette substance indique qu'elle est de la nature du bois, et me fournit l'occasion de soumettre un doute que voici, à la sagacité de M. Payen. Quand le résultat de la combinaison de deux substances ou de la réaction de plusieurs substances les unes sur les autres est la production d'un corps qui jouit de propriétés que n'avaient pas ces substances, les chimistes regardent ce corps comme nouveau ; mais la xyloïdine est-elle dans ce cas ? Je ne le pense pas. On reconnaît que sa propriété est de brûler à l'air libre à la température de 180° centésimaux ; mais les deux substances qui l'ont fournie, l'amidon et le nitre, sont elles-mêmes combustibles. M. Payen a prouvé que l'amidon, la dextrine, le ligneux sont composés des mêmes éléments, diversifiés seulement par un arrangement moléculaire différent : or le ligneux est combustible. Quant au nitre, il est inutile de répéter que c'est un corps inflammable ; et, puisqu'on n'assigne à la xyloïdine d'autre propriété que son inflammabilité, que les deux corps qui la produisent jouissent de cette même propriété, il me semble qu'elle n'a pas plus de droit à être conservée en chimie que la médulline, la fungine, la lichenine, la lignine, que M. Payen vient d'éliminer du répertoire chimique.

Diastase, substance spéciale, constituant un principe très-actif, découverte, il y a peu d'années, par MM. Payen et Persoz : elle se forme et se trouve particulièrement dans les graines de céréales en germination près des pousses naissantes, dans la Pomme de terre également près des jeunes pousses, précisément à l'endroit où l'on conçoit que sa réaction puisse être utile pour dissoudre la fécule de ces jeunes tiges, ou peut-être pour l'empêcher de s'y former avant le temps nécessaire. Dans les expériences de laboratoire, on dissolvait et on convertissait la fécule en sucre par l'acide sulfurique ; mais il est probable que la nature n'emploie pas cet agent pour opérer la même conversion : elle a, sous la main et au lieu le plus convenable, la diastase pour effectuer cette opération. Nous ne saurons jamais si les réactifs naturels agissent promptement ou lentement dans les plantes; mais, dans le laboratoire, M. Payen a trouvé que, en un temps donné, la diastase convertit en sucre soixante fois plus de fécule que l'acide sulfurique et deux mille fois son poids.

Après avoir traité la fécule sous tous les rapports au moyen des réactifs dont la chimie dispose, M. Payen rappelle et explique le nombreux emploi de cette substance, soit à l'état normal, soit converti en dextrine, en glucose, en sucre, d'abord comme alimentaire, puis comme très-utile dans plusieurs arts, en médecine et en chirurgie.

Cellulose. Il était naturel, indispensable même, qu'après avoir fait connaître la composition de la fécule, M. Payen fît connaître aussi la composition des organes qui la contiennent, c'est-à-dire des cellules ou tissu cellulaire. Eh bien, cette substance, appelée cellulose par M. Payen, est formée des mêmes éléments que la fécule ou l'amidon, c'est-à-dire de 12 molécules de charbon et de 10 molécules d'eau ; mais l'arrangement moléculaire n'étant pas le même dans la cellulose que dans la fécule, il en résulte un caractère physique tout différent. Ainsi, tandis que cette substance reste en grains arrondis pulvérulents pour former la fécule, elle s'étend en membrane, en tube pour former la cellulose. On ne croirait pas aisément, par exemple, que les filaments textiles, si tenaces et si longs du chanvre et du lin, sont de la même substance que les cellules si fragiles et si courtes qui renferment la fécule de la Pomme de terre : cependant toute leur différence ne vient que de l'arrangement différent de leurs molécules.

Tissu ligneux. Si je ne me trompe, il résulte, des nombreuses expériences de M. Payen, que le tissu ligneux ou vasculaire est d'abord formé aussi de cellulose, et que ce tissu s'incruste de concrétions ligneuses plus ou moins promptement, de manière que la cellulose ne serait, en quelque sorte, que le moule du tissu vasculaire, et lui conserverait une certaine flexibilité. Le tissu ligneux serait plus riche en carbone que la cellulose pure, et il contiendrait de l'hydrogène en proportion plus forte, mais en quantité variable, que celle nécessaire avec l'oxygène pour former de l'eau, d'où résulte la plus ou moins grande combustibilité des différents bois. M. Payen établit que la cellulose est la même dans tous les bois, mais que la matière incrustante subit des modifications selon les espèces; ainsi celle du Hêtre diffère de celle du Chêne.

Concrétions et incrustations minérales. Des corps de nature minérale, la plupart cristallisés, avaient déjà été trouvés dans plusieurs plantes, mais M. Payen en a trouvé dans un bien plus grand nombre; cette substance minérale, souvent de nature calcaire, plus rarement de nature siliceuse, paraît être toujours sécrétée par des cellules qui s'en emplissent plus ou moins, et placées le plus souvent dans des endroits déterminés du végétal. Mais, ce que personne n'avait vu ni dit avant M. Payen, c'est que les cellules, destinées sans doute à ces sécrétions, notamment chez les *urticées*, ont dans leur intérieur un pédicelle formé de cellulose renflé au bout et entouré d'un tissu léger dont toutes les minimes cellules se remplissent de carbonate de chaux, tandis que la cellule mère prend elle-même une extension très-considérable, comme si elle craignait que les petites, qui contiennent la matière minérale sécrétée, ne vinssent à toucher sa paroi interne. Quant à l'origine de cette matière minérale, M. Payen ne doute pas qu'elle ne soit puisée dans le sol en dissolution dans la nourriture que les plantes y puisent; mais il n'admet pas qu'elles la puisent au hasard : chaque plante en tire en raison de sa constitution. Ainsi des Bouleaux, des Châtaigniers, des Aunes venus dans un sol argileux ont donné des cendres très-chargées de chaux ; des cendres de Froments n'en contenaient presque pas, quoique cultivés dans un sol calcaire.

Feuilles panachées. Stomates. En général, les feuilles panachées sont considérées comme malades dans les parties qui ne conservent pas la couleur verte, quoique plusieurs plantes à feuilles panachées jouissent d'une santé égale à celles dont les feuilles restent vertes partout. Quant à la panachure que prennent plusieurs feuilles à l'automne, à l'approche de leur chute, on l'attribuait à la réaction de leurs fluides les uns sur les autres. M. Payen a voulu examiner aussi la cause des panachures, et il croit l'avoir trouvée dans un certain état des stomates. Stomate vient d'un mot grec qui signifie bouche ; on appelle ainsi de très-petites ouvertures ovales à travers l'épiderme des feuilles, dont les fonctions paraissent être de livrer passage à quelque évaporation gazeuse. A l'état normal, les stomates restent ouverts, et les tissus sont verts. Si les stomates se contractent ou qu'une cuticule bouche ou diminue leur ouverture, les liquides séveux, ne pouvant évaporer ce qui doit l'être, subissent des réactions dans les environs des stomates bouchés qui rendent cette partie de la feuille blanche, jaune, brune, rouge, etc., etc. La décrépitation de beaucoup de feuilles, lorsqu'on les met sur le feu, s'explique aussi par l'oblitération des stomates qui, n'ayant pas laissé échapper les gaz, ceux-ci, dilatés par la chaleur, brisent leur prison avec bruit en s'échappant. J'adopte et j'admets l'explication donnée par M. Payen de la panachure des feuilles ; mais je ne crois pas qu'elle explique suffisamment un fait que j'ai observé autrefois avant la découverte des stomates et de leur fonction. J'ai observé que des feuilles de *celtis* panachées de blanc étaient translucides dans les parties blanches, et que les cellules parenchymateuses de ces mêmes parties étaient vides.

Je dois m'arrêter ici dans l'étude de l'ouvrage de M. Payen, parce que je ne puis donner qu'une très-faible idée de son importance, et parce que je m'aperçois que l'auteur termine lui-même son livre par un résumé plus complet, plus clair que tout ce que je pourrais dire. Je me détermine donc d'autant plus volontiers à rapporter ici ce résumé, que M. Payen le termine par une idée neuve, hardie, née à la vue des substances qu'il a trouvées dans les végétaux en faisant les nombreuses expériences qui composent son ouvrage; idée qui cadre parfaitement avec la gradation des êtres animés; idée que la haute philosophie trouve rationnelle, mais contre laquelle l'école va sans doute s'élever. Cette idée de M. Payen est que les plantes, les vaisseaux, les cellules qui les composent ne sont que le produit, le logement des être animés qui les habitent. Pour moins effaroucher les esprits peu accoutumés à réfléchir sur l'enchaînement et la gradation des êtres animés, M. Payen aurait pu citer comme transition la nombreuse famille des polypiers, mais il n'a pas jugé à propos de le faire. Voici donc, sous le titre de *Lois générales*, le résumé qui termine l'ouvrage de M. Payen.

LOIS GÉNÉRALES

OBSERVÉES DANS L'ORGANISATION, LA COMPOSITION CHIMIQUE ET LES DÉVELOPPEMENTS DES VÉGÉTAUX.

L'observation des faits isolés acquiert une importance plus grande lorsqu'il est permis d'en déduire certaines lois générales qui étendent nos connaissances au delà du cercle de nos travaux, ou qui, du moins, peuvent servir de guide pour de nouvelles recherches.

Voici l'énoncé des principales lois naturelles, énoncé qui me semble suffisamment justifié par les faits et les vérifications contenus dans les sept mémoires précédents.

I. SPONGIOLES.

Les spongioles des radicelles de toutes les plantes phanérogames *se distinguent des autres parties des tissus en contiguïté par l'abondance des substances azotées, molles, contractiles, absorbantes, qui remplissent leurs cellules.*

Les proportions considérables de ces substances sont en rapport avec l'énergie vitale, l'activité de développement des extrémités radicellaires et les importantes fonctions qu'elles accomplissent pour la nutrition végétale; leur altérabilité même produit l'effet utile d'arrêter l'absorption des liquides trop visqueux, astringents, alcalins, acides ou salés qui, portés dans la circulation, feraient périr la plante : peut-être démontrera-t-on plus tard que *ces corps organiques azotés ont aussi une influence directe sur les absorptions spéciales* exercées dans un même sol par certaines familles ou certaines espèces de végétaux.

II. JEUNES ORGANES DES VÉGÉTAUX.

Tous les jeunes organes foliacés, florifères ou fructifères, plus directement alimentés par la séve ascendante lorsque les stomates et les parties vertes ne sont pas encore développés, *contiennent, en abondance, des corps azotés, et généralement, dans ces parties aériennes encore, la qualité des substances organiques à composition quaternaire est en raison directe des facultés de développement et en raison inverse de l'âge de chacun de ces organismes végétaux.*

III. DISTRIBUTION DES CORPS AZOTÉS DANS LES ORGANISMES DES PLANTES.

Les corps azotés, agents principaux de la vie active des plantes, *se trouvent, dans toutes les cavités celluleuses ou tubulaires*, libres ou adhérents aux parois. *Le développement de ces corps précède souvent la formation de leurs en-*

veloppes celluleuses, comme cela se peut voir dans le liquide lactescent de la noix de coco, et au milieu des fluides, dans les lacunes de divers tissus où l'organisation se prépare. La réciprocité n'a jamais lieu.

IV. SÉCRÉTION ET COMPOSITION ÉLÉMENTAIRE DE LA SUBSTANCE AMYLACÉE.

La substance amylacée apparaît dans les tissus où s'amassent les matériaux propres aux développements ultérieurs de l'édifice végétal; on ne l'a jamais observée dans les tissus rudimentaires (spongioles, rudiments des bourgeons, pollen naissant, ovules non fécondés), ni dans les vaisseaux, les méats, l'épiderme.

Sa densité = 1520, son poids équivalent = 1930; anhydre, sa formule = $C^{24} H^{18} O^9$; à l'état d'amylate d'eau ou d'amidon parfaitement desséché = $H^2 O, C^{24} H^{18} O^9$; elle forme des hydrates définis avec 2, 4 et 10 équivalents d'eau; bien agrégée, elle est insoluble à froid.

V. AMIDON, FORMATION ET STRUCTURE.

Les grains d'amidon offrent des configurations très-variées dans les divers végétaux, mais *ressemblantes dans une même plante. Leur formation a lieu par intussusception de la substance* dont le passage laisse la trace appelée *hile*, ou plutôt celle d'un entonnoir pénétrant autour et près du centre ou de l'axe de chaque sphéroïde, ellipsoïde, etc. *Chaque couche interne est ainsi plus récente et moins agrégée que la couche enveloppante*, et, à plus forte raison, que les couches plus rapprochées encore de la superficie. *Cette formation s'effectue sans que les grains soient attachés ou adhérents aux parois des cellules.*

VI. DIASTASE; TRANSFORMATIONS DE LA SUBSTANCE AMYLACÉE.

Au moment où l'approvisionnement de la substance amylacée, défendue des agents extérieurs par sa structure et sa cohésion, *doit servir à développer de nouveaux tissus, son hydratation et sa dissolution ont lieu à la faveur* d'une matière active qui apparaît alors (*diastase*), douée d'une énergie énorme, bien que neutre ou inerte relativement aux autres corps de la nature. C'est ainsi que, plusieurs fois transformé en dextrine et en glucose solubles, cet approvisionnement passe successivement d'un tissu dans un autre, tantôt pour s'accumuler de nouveau, tantôt pour s'engager dans une plus forte agrégation sous formes membraneuses stables, constituant alors la trame des cellules.

VII. PECTINE ET ACIDE PECTIQUE.

L'acide pectique et la pectine préexistent simultanément, combinés avec la chaux, la soude et la potasse dans un grand nombre de végétaux; on peut les en extraire à l'état de pureté en opérant à froid.

VIII. CELLULOSE : COMPOSITION, STRUCTURE, RÔLE DANS LA VÉGÉTATION.

La cellulose, isomérique avec l'amidon, la dextrine et l'inuline, constitue la substance même des parois des cellules vésiculeuses, polyédriques ou allongées en fibres, tubes, vaisseaux ou trachées; à peu près pure, elle forme les parois cellulaires des spongioles, des périspermes, des fibres textiles, etc. Dans les parois rapidement épaissies, on remarque de nombreux canalicules; *la cellulose injectée de matière azotée et de cilice forme l'épiderme ou la cuticule épidermique* des tiges et des feuilles; parfois, comme *dans les couches épidermiques épaisses des cactées, les couches superposées de cellulose alternent avec les pectates et pectinates calcaires et alcalins*. Ces composés souvent remplissent les méats entre les cellules ou les fibres; *la cellulose se rencontre injectée d'inuline chez les Lichens, Fucus*, etc. Plus ou moins imprégnée d'incrustations organiques, elle forme les différents bois.

IX. CARACTÈRES DISTINCTIFS ENTRE LES VÉGÉTAUX ET LES ANIMAUX.

Presque pure ou abondamment injectée, *la cellulose caractérise les êtres végétaux*, en constituant la trame qui relie toute leur structure. On ne l'a jamais rencontrée parmi les membranes animales, qui toutes renferment des proportions d'azote plus considérables même que la cuticule épidermique des végétaux.

X. FIBRES ET CONCRÉTIONS LIGNEUSES.

Les fibres ligneuses sont caractérisées par des matières organiques incrustantes injectées dans la trame de cellulose, au nombre de trois ou quatre, et dont les proportions variables, graduellement accrues, *rendent les bois durs, pesants, fragiles, susceptibles de poli; plus riches en carbone*, dont ils renferment depuis 47 jusqu'à 53 centièmes; *plus abondants en hydrogène, dont ils contiennent tous un excès* depuis 0,3 jusqu'à 0,7 p. 0/0.

Rapidement formées dans les noyaux des fruits, dans les concrétions dures des poires, des écorces, etc., ces fibres ligneuses courtes, irrégulières, polyédriques ou arrondies, correspondent par leur composition élémentaire aux incrustations des bois durs; elles sont traversées dans leur épaisseur, jusqu'à la cellule mince primitive, par un grand nombre de canicules convergeant vers leur cavité centrale.

XI. CAUSES DES ALTÉRATIONS SPONTANÉES DES DIFFÉRENTS BOIS.

Sous les influences réunies de l'humidité et de la température de l'air à certains degrés, les matières azotées contenues dans les fibres ligneuses s'altèrent rapidement; leur putréfaction occasionne la pourriture du bois. Les effets de ces réactions sont très-variables, mais dépendent généralement de la contexture et de la composition des tiges ligneuses. Les bois blancs légers, dont les fibres à parois minces offrent plus de surface et contiennent plus de matières azotées, sont les plus altérables ; l'aubier des bois durs se rapproche des précédents.

Le cœur des mêmes bois durs résiste bien plus, en raison de l'épaisseur et de la cohésion de ses fibres et des moindres proportions de matières organiques azotées.

Les bois des conifères résistent en raison des huiles essentielles et des résines qu'ils contiennent, bien que leur structure tubulaire puisse propager les altérations spontanées.

Les tiges d'acacia réunissent plusieurs conditions de structure et de composition qui expliquent leur résistance remarquable en des lieux où, dans un temps moitié moins long, les bois ci-dessus sont désagrégés par la pourriture : ce sont 1° l'épaississement de leurs fibres par la cellulose fortement agrégée ; 2° des proportions deux à trois fois moindres des matières incrustantes interposées qui, dans les bois très-durs, accélèrent la pourriture en divisant trop la cellulose. Employé dans les boisages des mines, gournables des navires, encoignure des caisses d'orangers, échalas des vignes et rais des roues de voitures, le bois d'acacia peut avoir une durée double de celle du cœur de chêne ; si l'on ajoute que ce bois, en raison même de la proportion, de la ténacité de sa cellulose et du faible volume de son aubier, s'emploie avantageusement pour confectionner les alluchons et dentures des machines, qu'enfin sa croissance est rapide, on fera bien comprendre l'intérêt que doit offrir la culture de l'acacia.

XII. COMPOSITION IMMÉDIATE DES ORGANISMES REPRODUCTEURS DES VÉGÉTAUX.

Les organismes plus particulièrement destinés à la reproduction des plantes, les *fruits, graines, spores* et *sporules, contiennent, réunis*, en proportions souvent plus fortes que dans les autres tissus, *les produits indispensables aux développements ultérieurs :* ce sont, 1° outre la cellulose, une ou plusieurs de ses congénères désagrégeables ou solubles (amidon, dextrine, sucre, glucose); 2° des substances neutres azotées sous formes concrètes et solubles; 3° des matières grasses; 4° des sels de chaux, potasse ou soude; 5° de la silice; 6° de l'eau.

XIII. SÉCRÉTIONS MINÉRALES DANS LES PLANTES.

Les substances minérales, loin d'être distribuées au hasard dans les plantes, y sont triées, puis réparties dans des organismes spéciaux disposés pour les recevoir.

Tels sont : *la silice*, plus particulièrement portée vers la périphérie, injectée dans les membranes épidermiques et surtout dans l'épaisseur de la cuticule des feuilles, tiges, et des poils exposés à l'air atmosphérique; *l'oxalate de chaux,* dont la base puisée dans le sol s'unit à un acide végétal. Ce sel, universellement répandu dans les plantes, y affecte les diverses formes polyédriques, des raphides en longues aiguilles prismatiques et des cubes, rhomboèdres, prismes courts; conformations déterminées par les corps organiques qui enveloppent et réunissent les particules cristallines dans des cellules appropriées. Les agglomérations de ces cristaux sont très-nombreuses et muriformes dans la plupart des feuilles autour des vaisseaux des nervures.

Le carbonate de chaux formant dans les feuilles des plantes de la grande famille des urticées ces jolies concrétions mamelonnées contenues dans un tissu léger qui se rattache autour d'un pédicelle élégamment suspendu à l'épiderme, au milieu d'une cellule agrandie d'avance, le même sel calcaire vient incruster, à l'aide d'un tissu spécial qui le fixe, les parois externes des cellules allongées et des tubes de plusieurs espèces de characées, tandis que d'autres plantes de la même famille sont dépourvues du tissu sécréteur et de la concrétion minérale, quoique vivant dans les mêmes eaux.

L'oxalate de soude et de potasse en solution alcaline incolore, contenu dans les glandes vésiculeuses qui entourent et décorent toutes les parties aériennes de la glaciale (*Mesembryanthemum cristallinum*) ; tandis qu'à l'intérieur des mêmes feuilles et tiges de cette plante se trouvent des matières vertes dans un suc acide.

Ainsi donc, dans les végétaux, les substances minérales, comme les matières grasses, comme les huiles essentielles et divers principes immédiats, sont sécrétées sous l'influence des corps à composition quaternaire, et rangées dans des organismes spéciaux.

XIV. FORMATION, DÉVELOPPEMENT, OBLITÉRATION DES STOMATES ; FEUILLES DÉCRÉPITANTES ; PANACHURES DES FEUILLES ; FEUILLES AUTOMNALES.

Étudiés sur les parties d'abord enveloppées, où l'air commence à prendre accès et détermine leur formation, *les stomates se développent, comme tous les appareils des végétaux, sous l'influence de corps à composition quaternaire.* Une pellicule injectée de matière azotée et continue avec la cuticule épidermique pénètre dans l'ouverture évasée de chaque stomate, dont elle tapisse les parois jusque dans la cavité pneumatique.

Lorsque, sous certaines influences, *les fonctions des feuilles se ralentissent, leurs stomates, s'oblitérant par degrés*, interceptent le libre passage des gaz et des vapeurs : il en résulte que *plusieurs feuilles consistantes font entendre de petites explosions lorsqu'on les expose à la flamme.* Dans beaucoup de cas, *cette diminution de perméabilité, retardant l'exhalation aqueuse, fait infiltrer, dans les tissus et les couches épidermiques, des liquides colorés qui produisent des panachures*; enfin *une cause analogue opère les modifications qui caractérisent l'état de souffrance des feuilles automnales.*

XV. COMPOSITION ÉLÉMENTAIRE GÉNÉRALE DES PLANTES A L'ÉTAT NORMAL.

La somme des éléments de toute plante prise dans son ensemble peut être représentée par du carbone, de l'eau, plus un excès d'hydrogène. Les substances azotées, neutres et grasses, concourent surtout à donner cet excès d'hydrogène dans les cryptogames et les plantes herbacées; ces substances, moins abondantes, et les concrétions ligneuses, donnent le même résultat dans les végétaux *ligneux.*

XVI. COMPOSITION IMMÉDIATE DES TOURBES.

Les tourbes, engendrées par la décomposition incomplète de divers végétaux, contiennent sept produits qui correspondent à l'altération de chacun des principes immédiats du ligneux et des parties herbacées.

XVII. CORPS DOUÉS DE VIE DANS LES PLANTES.

Enfin une loi sans exception me semble apparaître dans les faits nombreux que j'ai observés, et conduire à envisager sous un nouveau jour la vie végétale. Si je ne m'abuse, tout ce que, dans les tissus végétaux, la vue directe ou amplifiée nous permet de discerner sous les formes de cellules et de vaisseaux, ne représente autre chose que les enveloppes protectrices, les réservoirs et les conduits à l'aide desquels les corps animés qui les sécrètent et les façonnent se logent, puisent et charrient leurs aliments, déposent et isolent les matières excrétées.

Conduit à cette opinion par mes premières études sur les organismes végétaux, j'y fus ramené sans cesse, en cherchant des faits nouveaux capables de dévoiler la vérité.

Au moment d'exprimer cette pensée, je me suis bien souvent tenu dans des termes de doute qui la laissaient entrevoir; peut-être aurais-je quelque temps encore gardé la même réserve s'il ne m'eût semblé que M. de Mirbel, par une autre voie, surprenant au milieu d'un fluide le travail de l'organisation qui précède la formation des cellules, arrivait à des conclusions concordantes avec celles de mes propres travaux.

A cet imposant appui vinrent se joindre les résultats confirmatifs des investigations que nous avons entreprises de concert, et dont nous soumettrons prochainement les détails à l'Académie.

Je n'hésite donc plus aujourd'hui; mais, dans l'espérance qu'on voudra bien suspendre une critique prématurée, je m'empresse d'ajouter que ces déductions nouvelles de la chimie appliquée à la physiologie végétale s'accordent aussi avec les faits introduits dans cette science par nos illustres devanciers et contemporains. Lorsque je développerai ces applications, j'espère pouvoir établir en outre, comment elles expliquent plusieurs observations, qu'il était bien difficile de comprendre avec le seul secours des faits organographiques précédemment admis.

Afin de compléter aujourd'hui l'énoncé du fait général, je rappellerai que les corps doués des fonctions accomplies dans les tissus des plantes sont formés des éléments qui constituent, en proportions peu variables, les organismes animaux, qu'ainsi l'on est conduit à reconnaître une immense unité de composition élémentaire dans tous les corps vivants de la nature (1).

(1) J'espère que les lecteurs de ces *Annales* me sauront gré d'avoir rapporté ici dans leur entier les dix-sept lois générales par lesquelles M. Payen termine son important ouvrage sur le développement des végétaux. POITEAU.

(*Extrait des Annales de la Société royale d'horticulture de Paris*, tome XXXIV.)

IMPRIMERIE DE Mme Ve BOUCHARD-HUZARD, RUE DE L'ÉPERON, 7.

www.ingramcontent.com/pod-product-compliance
Ingram Content Group UK Ltd.
Pitfield, Milton Keynes, MK11 3LW, UK
UKHW020231180726
13838UKWH00005B/2313